Dmitrij Ziles

Die Galvanische Hartverchromung - Untersuchungen an schwefelsäurekatalysierten Chrom(VI)-Elektrolyten in einer modifizierten Hull-Zelle

Untersuchung des Einflusses der Chromsäurekonzentration auf Schichtaussehen und Stromausbeute

GRIN Verlag

Bibliografische Information der Deutschen Nationalbibliothek:

Die Deutsche Bibliothek verzeichnet diese Publikation in der Deutschen National-
bibliografie; detaillierte bibliografische Daten sind im Internet über http://dnb.d-
nb.de/ abrufbar.

Impressum:

Copyright © 2008 GRIN Verlag GmbH
Druck und Bindung: Books on Demand GmbH, Norderstedt Germany
ISBN: 978-3-640-94624-2

Dieses Buch bei GRIN:

http://www.grin.com/de/e-book/173105/die-galvanische-hartverchromung-untersu-
chungen-an-schwefelsaeurekatalysierten

2008

Die Galvanische Hartverchromung

Untersuchungen an schwefelsäurekatalysierten Chrom(VI)-Elektrolyten in einer modifizierten Hull-Zelle

Untersuchung des Einflusses der Chromsäurekonzentration auf Schichtaussehen und Stromausbeute

Dmitrij Ziles, Stufe 12
Freiherr vom Stein-Gymnasium Leverkusen
Februar 2008

Inhalt

I. Einleitung

Gegenstand dieser Facharbeit ist das Verfahren der galvanischen Hartverchromung, bei dem Maschinenteile elektrolytisch mit Chrom beschichtet werden. Besonders betrachtet wird der Einfluss der Chromsäurekonzentration im Elektrolyten auf Eigenschaften wie Schichtdeckung und Glanz der Chromschicht zum einen und die Stromausbeute zum anderen. Grundlage der Arbeit ist eine Versuchsreihe, die am 12. und 13.12.2007 bei der Firma Federal Mogul in Burscheid durchgeführt wurde.

Zunächst wird die allgemeine Theorie der elektrolytischen Oberflächenbeschichtung erläutert, danach die Aufbauten und Durchführungen der Versuche für die galvanische Hartverchromung vorgestellt. Anschließend werden die Versuchsergebnisse beschrieben und mit Angaben aus der Literatur verglichen. Die Arbeit soll zu einem besseren Verständnis der Zusammenhänge zwischen Elektrolytparametern und Versuchsergebnissen bei der galvanischen Hartverchromung beitragen.

II. Theorie der elektrolytischen Abscheidung

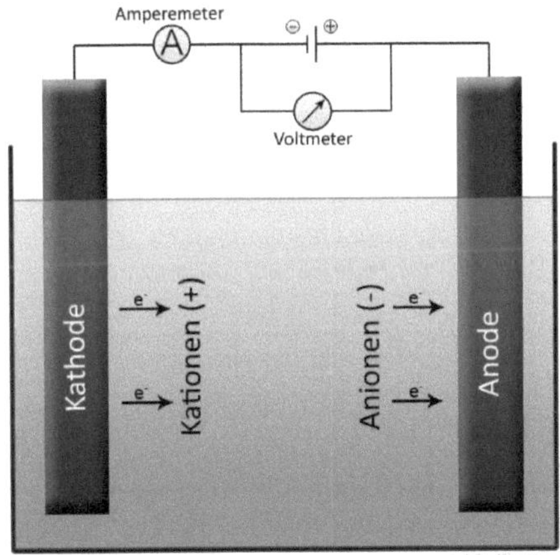

Abb. 1: Schematische Darstellung einer Elektrolyse

Bei einer Elektrolyse werden zwei leitende Elektroden mit den entgegengesetzten Polen einer Gleichspannungsquelle verbunden und in eine leitende Ionenlösung (sog. *Elektrolyt*) eingetaucht (s. Abbildung links[1]). Die Potenziale an den Elektroden bewirken bei reichender Höhe eine Reduktion von Kationen aus dem Elektrolyten an der negativ geladenen Kathode und eine Oxidation von Anionen an der positiv geladenen Anode. Somit finden in einer Elektrolysezelle die folgenden elektrochemischen Vorgänge statt:

---

[1] Bildquelle: http://de.wikipedia.org/wiki/Elektrolyse, Niko Lang. Abgerufen am 15.02.2008

$$\text{Anode:} \quad A^{n-} \xrightarrow{U} A + n \times e^-$$

$$\text{Kathode:} \quad B^{m+} + m \times e^- \xrightarrow{U} B$$

Dabei nennt man die vollständige Entladung eines Ions an den Elektroden *Abscheidung*, weil dadurch der Stoff in seinem Elementarzustand an dem entsprechenden Pol gebildet (abgeschieden) wird. Die meisten auf diese Art gewonnenen Feststoffe setzen sich als Belag auf der Elektrode ab.

Das für den Vorgang erforderliche Potenzial bezeichnet man als *Abscheidungspotenzial E_A*. Dieses entspricht dem Redoxpotenzial des Redoxpaares, aus dem das betrachtete Ion stammt, und zusätzlich einer eventuell vorhandenen Überspannung.

Einen großen Einfluss auf die Chromabscheidung hat die sog.

Stromdichte j. Diese bezeichnet die Stromstärke pro Fläche der stromdurchflossenen Elektrode: $j = \frac{I}{A}$ (Formel 1). Diese wird bei der Hartverchromung typischerweise in Ampere pro Quadratdezimeter angegeben: $[j] = \frac{A}{dm^2}$.

Die letzte zu erwähnende Größe ist die *Zersetzungsspannung U_z*. Diese ergibt sich aus dem Unterschied der Abscheidungspotenziale von Anode und Kathode, sodass gilt:

$$U_z = E_{A_{Anode}} - E_{A_{Kathode}}$$

Der Zusammenhang zwischen aufgewendeter Ladung und abgeschiedener Masse ist gegeben durch das Zweite Faradaysche Gesetz (Formel 2):

$$m = \frac{M \times Q}{z \times F}; \; m = abgeschiedene\ Masse, M = mol.\ Masse, Q = Ladung,$$

$$z = Ionenladung, F = Faradaykonstante$$

III. Aufbau und Durchführung der galvanischen Hartverchromung

Der verwendete Versuchsaufbau besteht aus einem $13\,l$ fassenden Becken, das mit dem zu untersuchenden Elektrolyten gefüllt ist, der von einem Rührer permanent in Bewegung gehalten wird. Er enthält im Wesentlichen folgende Chemikalien:

1. Wasser
2. CrO_3 (Zerfällt in Lösung in $(Cr_2O_7)^{2-}$, $(Cr_3O_{10})^{2-}$ und H_3O^+-Ionen).
3. H_2SO_4 (Dient als Katalysator; erst durch Ionenkomplexe, die die Schwefelsäure mit Chromationen bildet, kommt es zu einer Abscheidung).

Der weitere Aufbau hängt davon ab, ob der Versuch der Bestimmung der Stromausbeute oder der Untersuchung der elektrolytisch abgeschiedenen Chromschicht dient.

III.1 Aufbau des Hullzellen-Versuchs

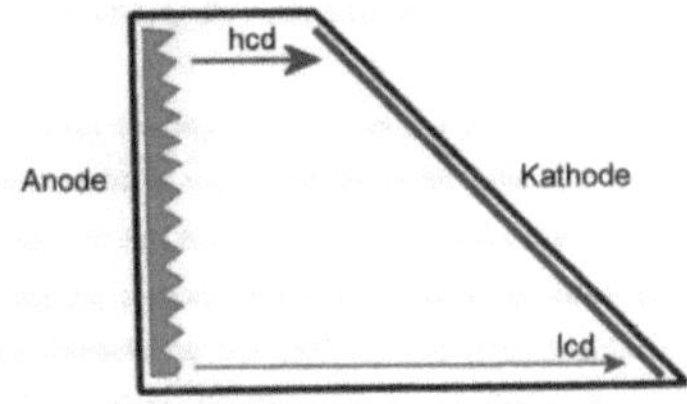

Abb. 2: Schematische Darstellung einer Hull-Zelle

Für die Untersuchung der Chromschicht wird eine modifizierte Hull-Zelle verwendet (s. Abb. 2 auf S.5[2]). Im satz zur abgebildeten ist die tatsächlich verwendete Zelle spiegelverkehrt, was sich aber nicht auf die generellen Eigenschaften auswirkt. Die Hull-Zelle hat den Vorteil, dass man, bedingt durch den variablen Abstand der beiden Elektroden voneinander, mehrere verschiedene Stromdichtebereiche in einem Versuchsdurchgang untersuchen kann. Die beiden Enden der Schräge heißen dabei *hcd* (high current density)-Kante und *lcd* (low current density)-Kante, wobei die Elektroden an der hcd-Kante am nächsten und an der lcd-Kante am weitesten voneinander entfernt sind. Diese Bezeichnungen wurden auch in diese Arbeit übernommen. Die Stromdichte in jedem Punkt der Schräge ist dabei gegeben durch

$$\text{Formel (3)}^{3}\colon j = I \times (5{,}10 - 5{,}24 \times \lg(x))$$

wobei x der Abstand vom Ende mit der hohen Stromdichte in *cm* und *I* der Gesamtstrom in *A* ist. Für alle im Folgenden beschriebenen Hull-Zellen-Versuche gilt: $I = 20\,A$

Die Hull-Zelle wird von oben über eine Halterung so in das Becken eingehängt, dass der Elektrolytspiegel mit der Füllstandsmarkierung an ihrer Innenseite zusammenfällt. Die Titananode wird elektrisch mit dem Pluspol des Gleichrichters verbunden, das zu beschichtende Objekt - in diesem Fall ein $100\,mm \times 75\,mm$ großes Stahlblech - kathodisch geschaltet und in die Schräge der Hull-Zelle eingehängt. Beim beschriebenen Aufbau taucht dann das Blech auf der gesamten Breite und 47 mm Höhe in den Elektrolyten ein.

---

[2] TU Dresden, *Versuch 39: Moderne Aspekte der Technischen Elektrochemie* (Dresden: 2005), 1.
[3] DIN 50957: *Galvanisierprüfung mit der Hull-Zelle* Berlin: Beuth, 1978. 2

<u>III.2 Durchführung des Hullzellen-Versuchs</u>

Zur Durchführung einer Chromschichtuntersuchung mit einem Hull-Zellen-Blech muss dieses erst vorbehandelt werden:

Zunächst muss die zwecks Korrosionsschutzes aufgetragene Zinkbeschichtung in einem Salzsäurebad abgelöst werden. Danach wird das Blech mit viel klarem Wasser abgespült und getrocknet. Zum Eingrenzen der beschichteten Fläche auf 47 mm Höhe wird das Blech außerdem mit einem säurebeständigen Klebeband auf 47 mm abgeklebt.

Es folgt die kathodische Entfettung (Skizze des Aufbaus s. Anhang [1]). Dazu wird das entzinkte Blech mit dem Minuspol eines Gleichrichters verbunden und in eine Natriumhydroxid-Lösung eingetaucht, in der sich bereits eine anodisch geschaltete Gegenelektrode befindet. Dabei laufen an den Elektroden folgende Reaktionen ab:

$$\text{Anode:} \quad 4OH^- \xrightarrow{U} O_2 + H_2O + 4e^-$$

$$\text{Kathode:} \ 2H_2O + 2e^- \xrightarrow{U} H_2 + 2OH^-$$

Die intensive Gasentwicklung an der Kathode sprengt Fettpartikel von der Oberfläche des Blechs ab, sodass der Stahl blankliegt.

Danach wird das Blech erneut abgespült, zügig in die Schräge der Hull-Zelle eingehängt und kathodisch geschaltet. Dann stellt man am Gleichrichter einen Strom von 20 A ein und lässt diesen 15 min lang fließen. Nach dem Abschalten des Gleichrichters wird das Blech erneut abgespült, getrocknet und ist fertig zur Auswertung.

<u>III.3 Aufbau des Versuchs zur Stromausbeute</u>

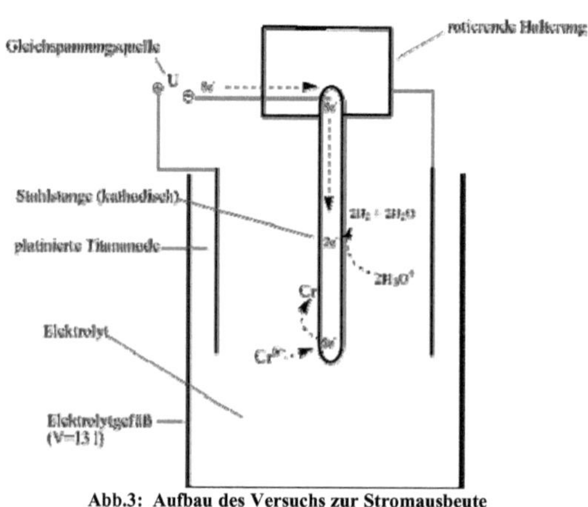

Abb.3: Aufbau des Versuchs zur Stromausbeute

Für die Bestimmung der Stromausbeute wird statt der Hull-Zelle ein Metallring mit vier platinierten Titananoden, die in regelmäßigen Abständen entlang des Rings angeordnet sind, in das elektrolytgefüllte Becken eingehängt. Über eine spezielle, motorisierte Halterung wird dann eine Stahlstange ($A = 0,34\ dm^2$) in die Mitte des Anodenrings parallel zur Ebene der Anoden und in gleichem Abstand zu jeder von ihnen befestigt und kathodisch geschaltet. Die motorisierte Aufhängung lässt die Stange um ihre eigene Achse rotieren, wodurch die entstehende Chromschicht besonders gleichmäßig ist (s. Abb.3 auf S.6[4]).

III.4 Durchführung des Stromausbeute-Versuchs

Zur Bestimmung der Stromausbeute mit den Stahlbolzen werden diese - ähnlich wie die Bleche - zunächst vorbehandelt: Dazu werden im ersten Schritt grobe Fettrückstände mit Aceton entfernt, danach werden sie gewogen. Dann bringt man an den Enden und an den Seiten Abdeckkappen an, die die aktive Elektrodenfläche auf $0{,}34\,dm^2$ begrenzen. Zuletzt werden die Bolzen kathodisch entfettet.

Im galvanischen Bad wird eine Stromstärke von $6{,}8A$ eingestellt, damit sich eine Stromdichte von $20\ \frac{A}{dm^2}$ ergibt ($\frac{6{,}8\,A}{0{,}34\,dm^2} = 20\ \frac{A}{dm^2}$). Die Stahlbolzen werden über die oben beschriebene Vorrichtung in das Bad eingehängt und der Motor und Gleichrichter werden eingeschaltet. Nach einer Beschichtungszeit von ebenfalls 15 min wird es abgespült und erneut gewogen.

IV. Beobachtung und Auswertung der Versuche

Für die vorliegende Facharbeit wurde eine Reihe von 14 Versuchen durchgeführt: Bei jeweils zwei hatte der Elektrolyt identische Parameter; einmal zur Untersuchung der Schicht auf einem Hull-Zellen-Blech und einmal zur Untersuchung der Stromausbeute mithilfe der oben erwähnten Stahlstangen. Die komplette Übersicht über alle Versuche inklusive der jeweiligen Parameter und Messergebnisse findet sich im Anhang [2]. Im Rahmen dieser Arbeit werden die Bleche Nr. 1, 3 und 7 und Bolzen Nr. 2, 4 und 8 näher betrachtet, da bei diesen Versuchsläufen nur die Chromsäurekonzentration verändert wurde, welche das zentrale Thema darstellt. Als Exkurs wird außerdem auf die Versuche Nr. 9 und 10 eingegangen, bei denen die Elektrolytparameter nur durch die veränderte Temperatur von $80°C$, respektive $30°C$ von den etablierten Optimalbedingungen[5] abweichen:

---

[4] Bild ist von mir selbst erstellt.
[5] Unruh, Jürgen N. M.: *Lehrbuch für Galvaniseure und Oberflächenbeschichter : (Lernstufe 3)* Bad Saulgau: Leuze, 2007. 29

$$\beta(CrO_3) = 300 \; \tfrac{g}{l};$$

$$\beta(Cr^{3+}) = 3 \; \tfrac{g}{l};$$

$$m(H_2SO_4) = 1\%[m(CrO_3)];$$

$$T = 55\,°C$$

Versuche Nr. 7 und 8 spiegeln diese Optimalbedingungen im Versuchsablauf wieder.

Die zu untersuchenden Eigenschaften beinhalten

a) bei den Blechen (alle Untersuchungen auf 10mm unterhalb der Oberkante der verchromten Fläche):

- Schichtaussehen (technisch begehrt ist eine glänzende Chromschicht)

- kritische Stromdichte (Stromdichte, bei der die Chromabscheidung einsetzt) in $\frac{A}{dm^2}$

- Breite der glänzenden Chromschicht in mm und die dazugehörigen berechneten Stromdichten

b) Bei den Stahlstangen

-Stromausbeute in %, diese ist gegeben durch Formel (4):

$$\eta = \frac{(Masse\ vorher - Masse\ danach)/g}{erwartete\ Zunahme\ lt.Faradayschem\ Gesetz/g} \times 100$$

<u>IV.1 Beobachtungen und Auswertung der Hullzellen-Versuche</u>

1. Blech 1: 50 $\tfrac{g}{l}$ CrO_3 (Abbildung und Mikroskopfotos s. Anhang [3]):

Relativ gleichmäßige, verschleierte Schicht auf der gesamten Beschichtungsfläche ab der kritischen Stromdichte. Der Schleier nimmt zur rechts befindlichen hcd-Kante hin ab, komplett glänzende Bereiche fehlen jedoch, was vermutlich auf eine fehlerhafte Vorbehandlung zurückzuführen ist. Auf dem Mikroskopfoto zeigen sich deutliche Unebenheiten in der Schicht.

Alle folgenden mm-Angaben beziehen sich auf den Abstand zur hcd-Kante:

Die Chromabscheidung beginnt bei 60 mm, nach Formel (3) ergibt sich daraus eine kritische Stromdichte von 20,4 $\frac{A}{dm^2}$.

Die glänzende Chromschicht liegt zwischen 30 mm und 2 mm, dies entspricht einem Stromdichtebereich von 52 $\frac{A}{dm^2}$ bis 175,3 $\frac{A}{dm^2}$.

2. Blech 3: 100 $\frac{g}{l}$ CrO_3 (Abbildung und Mikroskopfoto s. Anhang [4]):

Dichter, schlierendurchzogener Schleier, der zum Bereich höherer Stromdichte hin zwar dünner wird, aber dennoch überall stark ausgeprägt ist. In der Mitte der Unterkante sieht man einen einige cm^2-großen, korrosionsbedingten Fleck. Das Mikroskopfoto zeigt eine fein gekörnte, gleichmäßige Schicht im Bereich der erwarteten glänzenden Beschichtung.

Eine Abscheidung lässt sich ab $83mm$ beobachten, das entspricht einer kritischen Stromdichte von $5{,}7 \frac{A}{dm^2}$.

Vermutlich bedingt durch eine fehlerhafte Vorbehandlung lässt sich das Stromdichtefenster für die glänzende Chromschicht bei diesem Exemplar nur erahnen. Wahrscheinlich liegt es zwischen $42\ mm$ und $20\ mm$, das entspricht einem Stromdichtebereich von $36{,}7 \frac{A}{dm^2}$ bis $70{,}5 \frac{A}{dm^2}$.

3. Blech 7: 300 $\frac{g}{l}$ CrO_3 (Abbildung und Mikroskopfoto s. Anhang [5]):

Klar abgegrenzter, dichter Schleier, der sich bei ca. $35\ mm$ auflöst und einen schmalen, glänzenden Bereich von ca. $30\ mm$ Breite freigibt. Die restliche Fläche bis zur hcd-Kante ist wieder verschleiert. Abgesehen von leichten Schlieren sind keine fehlerbedingten Auffälligkeiten zu beobachten.

Das Mikroskopfoto zeigt eine gleichmäßige, fein gekörnte Chromschicht im Bereich der glänzenden Beschichtung.

Die Angabe einer kritischen Stromdichte erübrigt sich, da das gesamte Blech von einer Schicht überzogen ist. Das glänzende Fenster liegt zwischen $44\ mm$ und $16\ mm$, somit zwischen $34{,}6 \frac{A}{dm^2}$ und $80{,}6 \frac{A}{dm^2}$.

4. (Exkurs): Blech 9: 300 $\frac{g}{l}$ CrO_3, $T = 80\ °C$ (Abbildung und Mikroskopfoto s. Anhang [6]):

Dichter, hellgrauer Überzug auf der gesamten Fläche ab der kritischen Stromdichte. Etwa zwei Drittel der Beschichtung sind mattgrau, das letzte Drittel, welches an der hcd-Kante anliegt, glänzend grau. Die kritische Stromdichte liegt bei $80\ mm$ vor, was $7{,}4 \frac{A}{dm^2}$ entspricht.

<u>IV.2 Beobachtungen und Auswertung der Versuche zur Stromausbeute</u>

Bei jedem Versuchslauf ist auf der freiliegenden Oberfläche der Stahlstangen eine gleichmäßige Chromschicht entstanden, deren Aussehen weitestgehend der auf den Blechen entspricht, die im Elektrolyt mit den gleichen Parametern beschichtet wurden. Da die Abscheidung auf den Stangen mit konstant $20\,\frac{A}{dm^2}$ erfolgte, muss man die korrespondierenden Bleche im Bereich von ca. $58mm$ Entfernung von der hcd-Kante betrachten, weil sie dort lt. Formel (3) die gleiche Stromdichte aufweisen.

Da die Versuchsparameter, die für die Anwendung des Faradayschen Gesetzes (Formel 2) relevant sind, bei allen Durchgängen unverändert blieben, lässt sich die erwartete Massenzunahme während der Beschichtung pauschal für alle Bolzen berechnen:

Molare Masse von Chrom: $M(Cr) = 52\,\frac{g}{mol}$

Übertragene Elektronen: $\quad z = 6\,(Cr^{6+} \rightarrow Cr^{0})$

Aufgewendete Ladung: $\quad Q = 6{,}7\,A \times 900\,s = 6030\,C$

$$\Rightarrow\quad m = \frac{52\,\frac{g}{mol} \times 6030\,C}{6 \times 96\,485{,}3\,\frac{C}{mol}} = 0{,}54\,g$$

Somit beträgt die erwartete Massenzunahme der Stahlbolzen $0{,}54\,g$.

Die weitere Auswertung soll auf die Stromausbeute beschränkt bleiben.

1. Bolzen 2: $50\,\frac{g}{l}\,CrO_3$

   Masse vor der Beschichtung: $131{,}889\,g$

   Masse nach der Beschichtung: $131{,}974\,g$

   Massenzunahme: $131{,}974g - 131{,}889\,g = 0{,}085\,g$

   Stromausbeute (Formel 4) $\eta = \frac{0{,}085\,g}{0{,}54\,g} \times 100 = \mathbf{15{,}74\%}$

2. Bolzen 4: $100\,\frac{g}{l}\,CrO_3$

   Masse vor der Beschichtung: $131{,}930\,g$

   Masse nach der Beschichtung: $132{,}010\,g$

Massenzunahme: 132,010 g − 131,930 g = 0,08 g

Stromausbeute (Formel 4) $\eta = \frac{0,08\,g}{0,54\,g} \times 100 = \mathbf{14,81\%}$

3. Bolzen 8: 300 $\frac{g}{l}$ CrO_3

Masse vor der Beschichtung: 132,092 g

Masse nach der Beschichtung: 132,164 g

Massenzunahme: 132,164 g − 132,092 g = 0,072 g

Stromausbeute (Formel 4) $\eta = \frac{0,072\,g}{0,54\,g} \times 100 = \mathbf{13,33\%}$

4. (Exkurs): Bolzen 10: 300 $\frac{g}{l}$ CrO_3, $\mathbf{T = 30°C}$

Masse vor der Beschichtung: 132,095 g

Masse nach der Beschichtung: 132,267 g

Massenzunahme: 132,267 g − 132,095 g = 0,172 g

Stromausbeute (Formel 4) $\eta = \frac{0,172\,g}{0,54\,g} \times 100 = \mathbf{31,85\%}$

V. Herstellen einer Relation zwischen den Versuchsergebnissen und Vergleich mit Literaturangaben

Nun soll eine Beziehung zwischen den einzelnen Versuchsergebnissen hergestellt werden, um Abhängigkeiten der Schichteigenschaften von den Elektrolytparametern aufzuzeigen.

V.1 Breite der glänzenden Chromschicht

Bei den Blechen lässt sich beobachten, dass nur Elektrolyte mit vergleichsweise hohen CrO_3-Konzentrationen (in dieser Experimentreihe bei 300 $\frac{g}{l}$) eine klare, glänzende Chromschicht entstehen lassen; bei den anderen beiden Versuchen ließ sich ein Schleier nicht vermeiden. Dennoch lässt seine Dichte Aussagen über die vermutete Lage und Breite der glänzenden Schicht zu, sodass sich die Abhängigkeit ihrer Breite von der CrO_3-Konzentration durch Diagramm (1) darstellen lässt (auf der y-Achse wurde die Breite des Stromdichtefensters statt der tatsächlichen Breite aufgetragen, da der Zusammenhang zwischen Stromdichte und Breite nicht linear ist):

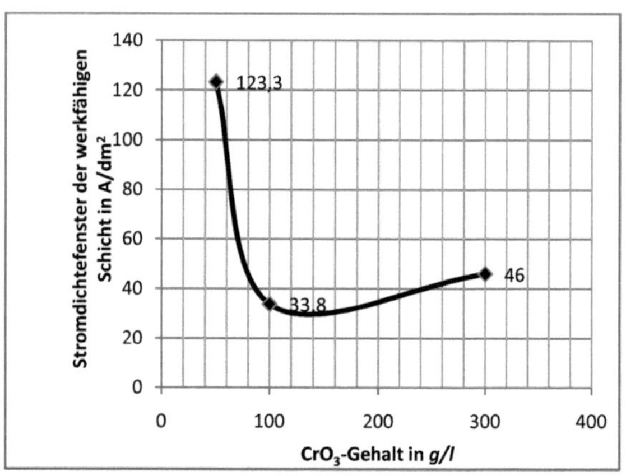

Diagramm 1: Abhängigkeit des Stromdichtefensters der glänzenden Schicht von der CrO_3-Konzentration

Es lässt sich ein deutlicher Abfall der Größe des Stromdichtefensters bei einer Erhöhung der Konzentration von 50 $\frac{g}{l}$ auf 100 $\frac{g}{l}$ beobachten, allerdings steigt sie bei einer weiteren Erhöhung wieder leicht an. Somit kann man sagen, dass niedrige Konzentrationen vom Standpunkt der Spektrumbreite der nutzbaren Stromdichte aus zu bevorzugen sind, allerdings zeigen sich unter den übrigen Gesichtspunkten (vg. IV.1 und V.2) klare Vorteile für höhere Konzentrationen.

Da sich kein Vergleichsdiagramm in entsprechender Fachliteratur finden ließ, muss dieser Zusammenhang so dahingestellt bleiben.

V.2 Kritische Stromdichte

Aus den aufgeführten Versuchsergebnissen ist offensichtlich, dass ein starker Zusammenhang zwischen der CrO_3-Konzentration und der kritischen Stromdichte besteht. Fügt man die Messergebnisse und die dazugehörigen Konzentrationen in einem Graphen zusammen, ergibt sich folgender Verlauf:

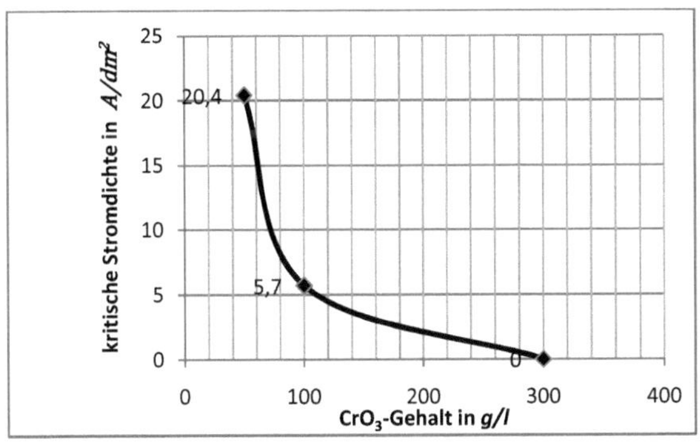

Diagramm 2: Abhängigkeit der kritischen Stromdichte von der Chromsäurekonzentration

Wie man sieht, fällt die kritische Stromdichte mit steigender Elektrolytkonzentration rapide ab; der Verlauf der Kurve und insbesondere die ersten beiden Wertepaare lassen einen umgekehrt quadratischen Zusammenhang vermuten: Die generelle Form erinnert an eine quadratische Hyperbel und bei einer Verdopplung der Konzentration von 50 $\frac{g}{l}$ auf 100 $\frac{g}{l}$ wird die kritische Stromdichte fast genau geviertelt. Allerdings ist der Verlauf ab diesem Punkt spekulativ, da keine Messwerte für Konzentrationen zwischen 100 $\frac{g}{l}$ und 300 $\frac{g}{l}$ vorliegen.

V.3 Stromausbeute

Der Zusammenhang zwischen der Elektrolytkonzentration und der Stromausbeute ist, obgleich messbar, nicht besonders ausgeprägt. Es lässt sich eine fallende Tendenz erkennen, die sich jedoch im Bereich von 1% − 1,5% bewegt. Der dazugehörige Graph sieht folgendermaßen aus:

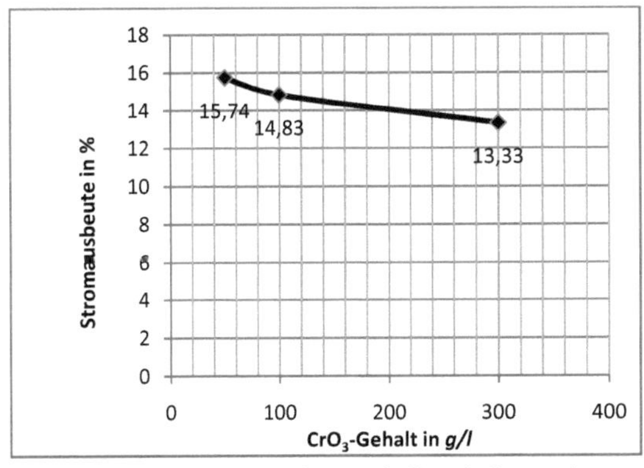

Diagramm 3: Abhängigkeit der Stromausbeute von der Chromsäurekonzentration

Der Graph zeigt eine leicht fallende, nur leicht gekrümmte Kurve, die vermuten lässt, dass die Abnahme der Stromausbeute umso geringer ist, je höher die CrO_3-Konzentration im Elektrolyten ausfällt.

Das Diagramm aus der Literatur[6] sieht auf den ersten Blick beträchtlich anders aus, beschreibt bei genauerer Betrachtung aber einen ähnlichen Verlauf:

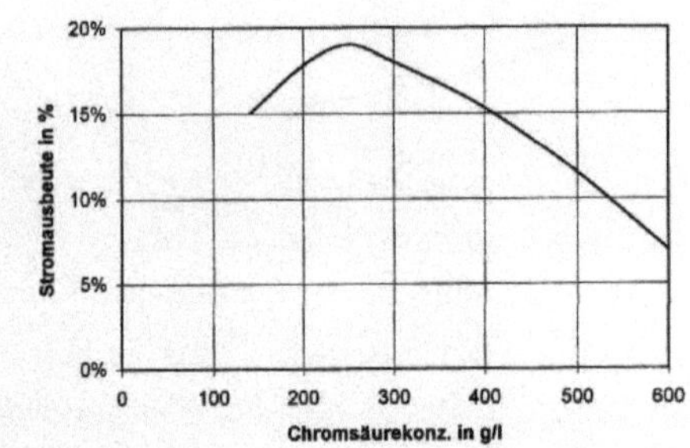

Diagramm 4: Abhängigkeit der Stromausbeute von der Chromsäurekonzentration bei 45 °C, 20 $\frac{A}{dm^2}$

Charakteristisch für den oberen Graph ist der Hochpunkt bei ca. 250 $\frac{g}{l}$, allerdings ist diese Konzentration in der hier zugrunde liegenden Versuchsreihe gar nicht untersucht worden, weswegen der Kurvenverlauf in Diagramm 3 zwischen 100 $\frac{g}{l}$ und 300 $\frac{g}{l}$ interpoliert ist. Die Abweichung in den einzelnen Werten ist durch eine andere Elektrolyttemperatur, für die der Referenzgraph erstellt wurde, zu erklären, da die Stromausbeute mit zunehmender Elektrolyttemperatur fällt.

V.4 Exkurse zu Versuchen mit abweichender Elektrolyttemperatur

Die Betrachtung der Chromschicht bei 80 °C und insbesondere der Stromausbeute bei 30 °C legt nahe, dass die Elektrolyttemperatur eine wesentlich größere Rolle für die Stromausbeute spielt, als die Konzentration der Chromsäure; der Wirkungsgrad verdoppelte sich bei einer ungefähren Halbierung der Temperatur. Diese Beobachtung stimmt durchaus mit Angaben aus der Literatur[7] überein, wo folgender Graph zu finden ist:

---

[6] T. W. Jelinek, *Praktische Galvanotechnik* (Bad Saulgau/Württ: 1977), 222
[7] T. W. Jelinek, *Praktische Galvanotechnik* (Bad Saulgau/Württ: 1997), 223

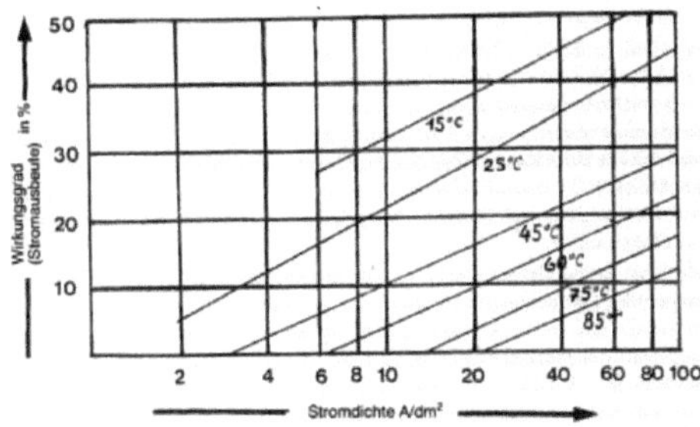

Diagramm 5: Stromausbeute in Abhängigkeit von der Stromdichte bei verschiedenen Elektrolyttemperaturen

Es ist klar zu erkennen, dass alle Stromausbeute-Geraden umso höher liegen, je niedriger die Temperatur des Elektrolyten im Versuchsdurchlauf gewesen ist, bei einer Betrachtung der Skalierung der y-Achse wird deutlich, dass ein Temperaturunterschied von 10 °C leicht 5%-10% Unterschied bei der Stromausbeute bedeuten kann, deswegen ist es auch vertretbar, die Abweichung der Messwerte vom Literaturwert in V.3 damit zu begründen.

Allerdings ist sowohl die Beschichtung auf der Stahlstange, als auch die auf dem Hull-Zellen-Blech, das bei 80 °C beschichtet worden ist, mattgrau, sodass angenommen werden kann, dass Hartchrombeschichtungen, die bei Temperaturen unter- oder oberhalb des Richtwerts von 55 °C hergestellt wurden, technisch unbrauchbar sind.

VI. Zusammenfassung

Im Rahmen dieser Arbeit wurde eine Reihe von 14 Versuchen durchgeführt. Ziel war es, Abhängigkeiten zwischen der Konzentration der Chromsäure im Elektrolyten und wesentlichen Eigenschaften der Chromabscheidung festzustellen. Dabei wurden das generelle Aussehen der Schicht sowie deren spezifische Eigenschaften in einer Hull-Zelle und die Stromausbeute mit einem Massenzunahme-Vergleichsversuch untersucht. Im Wesentlichen haben die Versuche ergeben, dass bei einer CrO_3-Konzentration von ca. 300 $\frac{g}{l}$ der beste Kompromiss zwischen allen Eigenschaften erreicht wird. Unterhalb dieser Konzentration ist eine glänzende Beschichtung kaum, und wenn, dann nur mit hohem Energieaufwand zu erzielen (s. V.1 und V.2)

VII. Literaturverzeichnis

1. Deutsches Institut für Normung. *Norm 50957: Galvanisierungsprüfung mit der Hull-Zelle.* DIN-Norm, Berlin: Beuth Verlag GmbH, 1978.

2. Jelinek, T. W. *Praktische Galvanotechnik, Lehr- und Handbuch.* Bad Saulgau/Württ: Eugen G. Leuze Verlag, 1989.

3. Lang, Niko. „Wikipedia, die freie Enzyklopedie." 13. Januar 2007. http://de.wikipedia.org/wiki/Elektrolyse (Zugriff am 15. Februar 2008).

4. TU Dresden. „Versuch 39: Moderne Aspekte der Technischen Elektrochemie: Beurteilung technologisch relevanter Elektrolyte zur Metallabscheidung in der Hullzelle." Versuchsbericht, Dresden, 2005.

5. Unruh, Jürgen. *Lehrbuch für Galvaniseure und Oberflächenbeschichter (Lernstufe 3).* Bad Saulgau: Leuze, 2007.

Anhang 1: Skizze des Aufbaus der kathodischen Entfettung[8]

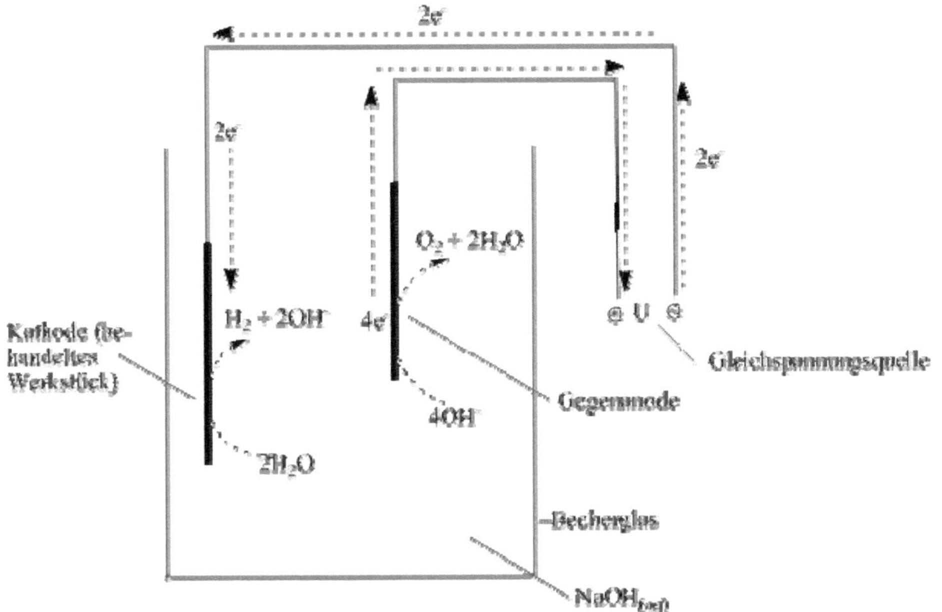

---

[8] Bild ist von mir selbst erstellt

Anhang 2: Übersicht über sämtliche Versuche und Messergebnisse

Nr.	CrO_3 in g/l	Cr^{3+} in g/l	H_2SO_4 in % der CrO_3 - Menge	X in ml/l	Grundmaterial	θ in°C	t in min	Art des Versuchs
1	50,0	0,5	1,0	0,0	Stahl	55,0	15,0	Hull-Zelle
2	50,0	0,5	1,0	0,0	Stahl	55,0	15,0	Stromausbeute 20A/dm²
3	100,0	1,0	1,0	0,0	Stahl	55,0	15,0	Hull-Zelle 20A
4	100,0	1,0	1,0	0,0	Stahl	55,0	15,0	Stromausbeute 20A/dm²
5	300,0	3,0	0,5	0,0	Stahl	55,0	15,0	Hull-Zelle
6	300,0	3,0	0,5	0,0	Stahl	55,0	15,0	Stromausbeute 20A/dm²
7	300,0	3,0	1,0	0,0	Stahl	55,0	15,0	Hull-Zelle
8	300,0	3,0	1,0	0,0	Stahl	55,0	15,0	Stromausbeute 20A/dm²
9	300,0	3,0	1,0	0,0	Stahl	80,0	15,0	Hull-Zelle
10	300,0	3,0	1,0	0,0	Stahl	80,0	15,0	Stromausbeute 20A/dm²
11	300,0	3,0	1,0	0,0	Stahl	30,0	15,0	Hull-Zelle
12	300,0	3,0	1,0	0,0	Stahl	30,0	15,0	Stromausbeute 20A/dm²
13	300,0	3,0	2,0	0,0	Stahl	55,0	15,0	Hull-Zelle
14	300,0	3,0	2,0	0,0	Stahl	55,0	15,0	Stromausbeute 20A/dm²
8	300,0	3,0	1,0	0,0	Stahl	55,0	15,0	Stromausbeute 50A/dm²

Anhang 2: Übersicht über sämtliche Versuche und Messergebnisse

Ansatzmenge von CrO_3 in g	Ansatzmenge von CrO_3 in mol	Ansatzmenge von H_2SO_4 in g	Ansatzmenge von H_2SO_4 in ml	Spannung in V	Strom in A	Ladung in Ah	Temperatur in °C	Masse davor in g
650	7	7	3,541	19,90	20,0	04:56:00	60,6	
650	7	7	3,541	4,40	7,0	01:40:00	55,5	131,889
1300	13	13	7,082	13,10	19,8	04:56:00	60,4	
1300	13	13	7,082	3,50	6,7	01:40:00	58,6	131,930
3900	39	20	10,623	8,10	19,8	04:56:00	57,8	
3900	39	20	10,623	2,80	6,7	01:40:00	54,3	131,907
3900	39	39	21,246	8,05	19,8	04:56:00	54,8	
3900	39	39	21,246	2,80	6,7	01:40:00	54,7	132,092
3900	39	39	21,246	7,45	19,8	04:55:00	82,0	
3900	39	39	21,246	2,50	6,7	01:40:00	81,8	132,089
3900	39	39	21,246	9,85	19,8	04:56:00	34,2	
3900	39	39	21,246	3,20	6,7	01:40:00	30,2	132,095
3900	39	78	42,493	8,12	19,8	04:56:00	57,8	
3900	39	78	42,493	2,10	6,7	01:40:00	54,3	131,951
3900	39	39	21,246	3,80	17,0	04:14:00	53,8	132,101

Anhang 2: Übersicht über sämtliche Versuche und Messergebnisse

Masse danach in g	Massenzunahme g	Stromausbeute in %	Bemerkungen		
131,974	0,085	15,74	Glaenzend gleichmaessig		
132,010	0,080	14,81	Glaenzend gleichmaessig		
131,924	0,017	3,15	Mattglaenzend		
132,164	0,072	13,33	Glaenzend mit duennen Rissen, keine Knospen		
132,114	0,025	4,63	Rissen		
132,267	0,172	31,85	Mattgraue, gleichmaessige Schicht		
132,013	0,062	11,48	Duenne, glaenzende Schicht		
132,341	0,240	17,65	Mattglaenzend		

Gesamtaufnahme:

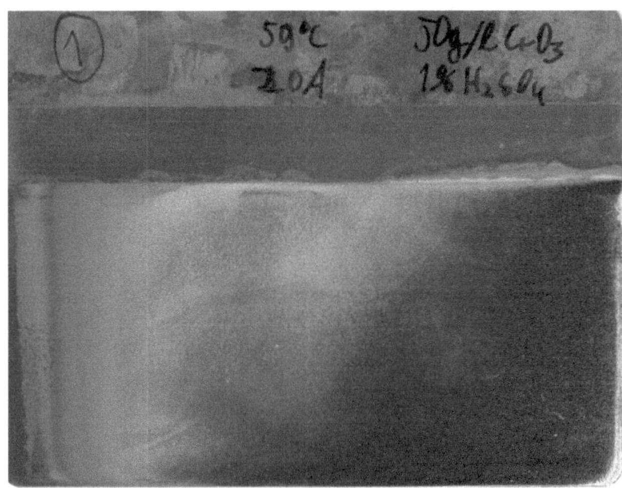

Mikroskopfotos:[9]

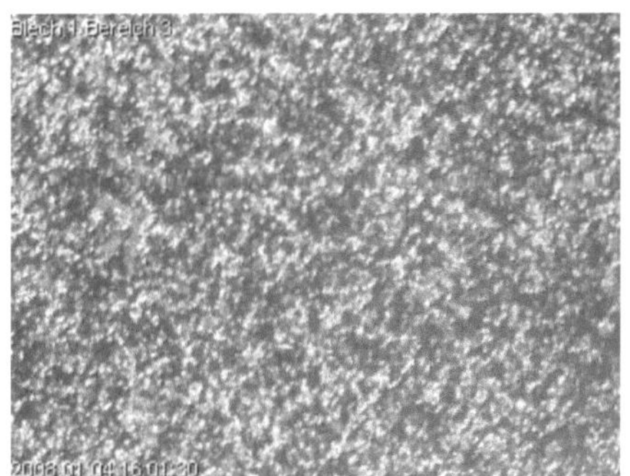

---

[9] Diese und alle folgenden Mikroskopfotos wurden mit einem Digitus DA-70350 Digitalmikroskop aufgenommen.

Gesamtaufnahme:

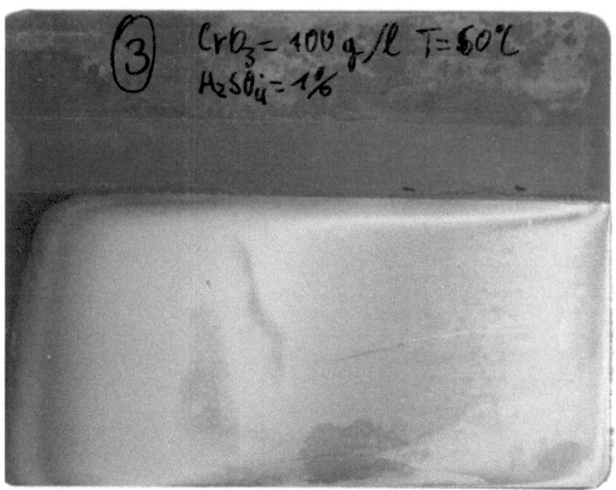

Mikroskopfotos:

<u>Anhang 5: Abbildung und Mikroskopfotos von Blech 7</u>

Gesamtaufnahme:

Mikroskopfotos:

Gesamtaufnahme:

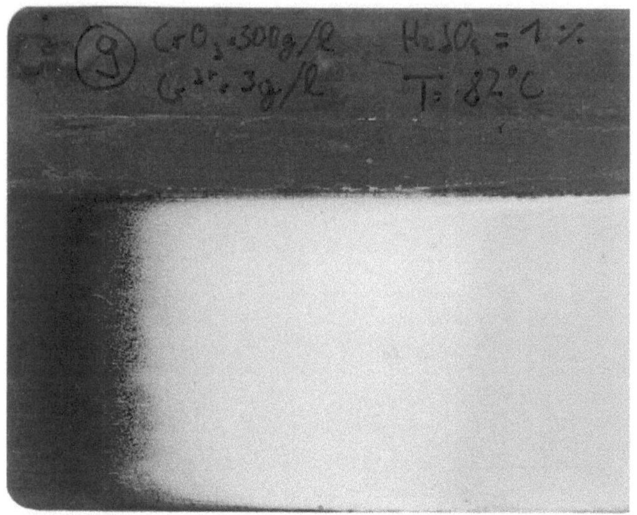